はじめに

この半世紀、建設現場の死亡災害は約９割減と、大幅に減少しました。これはひとえに現場で携わる方々の努力の賜物であると思います。

ただ、未だ288人（令和３年）の尊い命が失われています。さらに、建設業は、製造業と比べ死亡災害の発生割合が高く、全産業の死亡災害の約３分の１が建設現場で発生しています。

なぜ、建設業は死亡災害の発生が多いのでしょうか？

それは、人が主役の労働集約型産業の建設業は、単品受注生産で同じ場所に同じ物を造ることはなく、作業内容は日々刻々と変わるため、設備的な対策を講じることに限界があり、現場では安全ルール遵守など作業員に安全行動を促す取り組みが行われていますが、作業員は人間であり、人間であればミスをし、ヒューマンエラーを犯し、時に、それらが死亡災害につながってしまうからです。

では、どうすれば、建設現場のヒューマンエラー災害を防ぐことができるのでしょうか？

ヒューマンエラー災害を防ぐためには、現場で働く全ての人達が、ヒューマンエラーがどのように労働災害に関わっているのか、どのような対策が効果的なのかなどを十分に理解することが必要です。

そこで本書は、現場の最前線で働く職長、作業員の皆さんを主な対象に、最新の建設現場の典型的な死亡災害60事例を取り上げ、それぞれについてヒューマンエラーがどのように関わり、どのような対策を講じればよいか解説します。

本書が建設現場の安全に少しでもお役に立てば幸いです。

令和４年６月

高木元也

目　次

◆　◆　◆

○典型的な死亡災害60事例からヒューマンエラー対策を学ぼう

1.土木工事

建設業の労働災害発生状況の推移

わが国の建設業の労働災害発生状況をみると、今から半世紀前、昭和46年の死亡者数は2,323人でしたが、令和３年には288人まで減少し、この半世紀で９割近くも減少しました。これは現場に携わる方々の努力の賜物だと思います。

しかしながら、令和３年において、依然、288人の尊い命が失われています。今後も、労働災害防止のたゆまぬ努力を続けていかなければなりません。

全産業と建設業の死亡災害件数の推移（昭和23年〜令和３年）

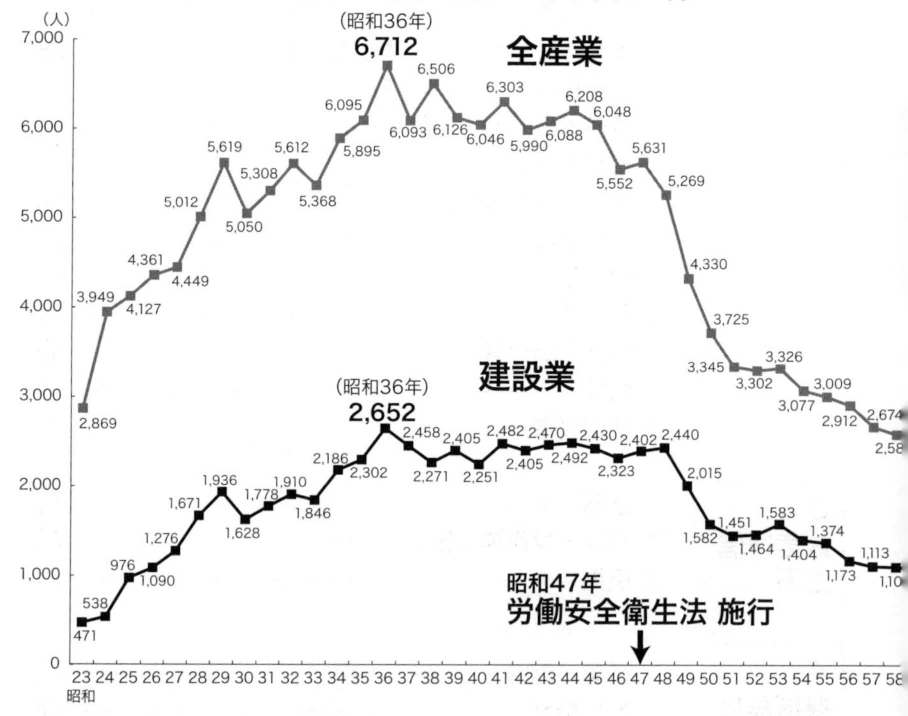

資料：厚労省「労働者死傷病報告」
平成23年は東日本大震災を直接の原因とする死亡者数を除いた数

過去50年、建設業の休業4日以上死傷災害及び死亡災害発生件数

	死傷者数		死亡者数	
	人数	昭和46年を1とする	人数	昭和46年を1とする
昭和46年（50年前）	−	−	2,323	1.00
昭和56年（40年前）	100,281	1.00	1,173	0.48
平成３年（30年前）	57,724	0.51	1,047	0.43
平成13年（20年前）	28,284	0.25	644	0.27
平成23年（10年前）	16,773	0.15	342	0.14
令和３年（現在）	16,079	0.14	288	0.12

［注１］死傷者数は休業４日以上死傷者数。
［注２］昭和46年の休業４日以上死傷者数はデータなし（当時の統計は休業８日以上死傷者数データ）。
［注３］平成13年以降の死傷者数は労働者死傷病報告、それ以前は、労災給付データによる。
（出典：厚生労働省）

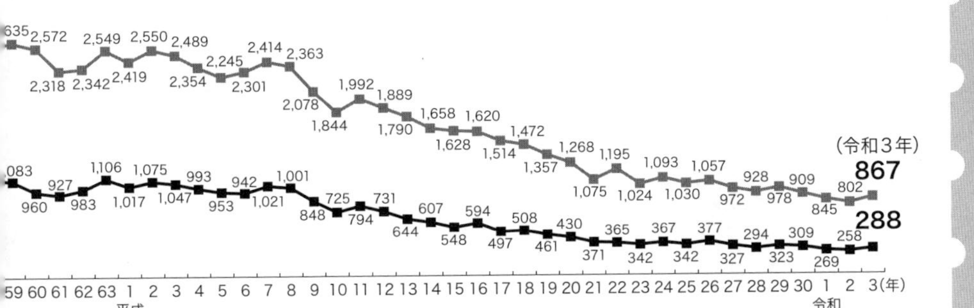

建設業は、いまだ労働災害が多い産業である

建設業は、他産業と比べ労働災害の発生割合が高い産業です。

令和３年（年度）のデータをみると、建設業就業者数は484万人と全産業（6,706万人）比7.2％、建設投資（名目）は62.7兆円でGDP（国内総生産（名目）559.5兆円）比11.2％ですが、死亡者数は288人と全産業（867人）比33.2％にも及んでいます。

全産業の死亡災害の約３人に１人が建設業で亡くなっています。

建設業と全産業の労働災害発生状況等の比較

	建設業（A）	全産業（B）	A／B ×100
就業者数	484 万人	6,706 万人	7.2%
生産額等	62.7 兆円	559.5 兆円	11.2%
死傷者数	16,079 人	149,918 人	10.7%
死亡者数	288 人	867 人	33.2%

資料：（令和３年データ）
- ・就業者数（暦年平均値）：総務省「労働力調査」（暦年平均値）
- ・生産額（年度）：建設業は建設投資見通（名目）、全産業はGDP（名目）
- ・死傷者数（暦年）、死亡者数は厚生労働省発表（暦年）

建設業の死亡災害の内訳（令和２年）

令和２年、建設業の死亡災害は258人でした。その内訳をみると、土木工事業が102人、建築工事業（木造除く）が82人、木造建築工事業が20人、電気通信工事業が15人、機械器具設置工事業が12人などとなっています。

工事業種別死亡者数（令和２年）

工事業種	死亡者数
土木工事業	102
建築工事業（木造除く）	82
木造建築工事業	20
電気通信工事業	15
機械器具設置工事業	12
その他（専門工事業等）	27
	258

資料：厚労省「労働者死傷病報告」

次頁からは、それぞれの工事業種の死亡災害の内訳を詳しくみていきます。

土木工事の死亡災害の内訳

土木工事では、重機等にひかれる・はさまれる災害と、墜落・転落災害が17人と最も多いです。近年、これほどまでに土木工事で墜落・転落災害が多い年はありませんでした。

次いで、クレーン作業災害（12人）、重機等の転倒･転落災害（９人）、土砂崩壊（９人）、交通事故（自損：８人）、交通事故（もらい事故：８人）の順に数多く発生しています。

土木工事の死亡災害の内訳（令和２年）

重機等にひかれる・はさまれる	17
墜落・転落	17
足場	3
建設機械	2
構築物	2
仮構台	2
法面・斜面	2
脚立	1
はしご	1
タラップ（立坑内）	1
開口部	1
橋梁上部工	1
作業通路	1
クレーン作業災害	12
重機等の転倒・転落	9
土砂崩壊	9
交通事故（自損）	8
交通事故（もらい事故）	8
立木災害	5
物の落下（クレーンつり荷除く）	5
物の倒壊	3
蜂刺傷	2
硫化水素中毒	1
熱中症	1
その他	5
	102

建築工事の死亡災害の内訳

建築工事では、墜落・転落災害が39人と最も多く、全体（82人）の48％と半数近くを占めています。

墜落・転落した場所は、足場、屋根、脚立、開口部、構築物、鉄骨梁、屋上、トラック荷台、高所作業車、階段等、例年と同じような傾向です。次いで、交通事故（自損：11人）、重機等にひかれる・はさまれる（６人）、物の倒壊（４人）、熱中症（４人）の順に数多く発生しています。

建築工事の死亡災害の内訳（令和２年）

墜落・転落			39
	足場		12
		足場解体	6
		足場組立	3
		足場上作業	3
	屋根		12
		スレート	7
		明り取り部	1
		その他	4
	脚立		3
	開口部		2
	構築物		2
	鉄骨梁		2
	屋上		1
	トラック荷台		1
	高所作業車		1
	階段		1
	クレーン組立時		1
	仮構台		1
交通事故（自損）			11
重機等にひかれる・はさまれる			6
物の倒壊			4
熱中症			4
解体工事			3
物の落下（クレーンつり荷除く）			2
感電			2
重機等の転倒・転落			1
土砂崩壊			1
クレーン作業災害			1
その他			8
			82

電気通信工事の死亡災害の内訳

電気通信工事業では、交通事故（自損）が４人と最も多く、クレーン作業災害（２人）、物の倒壊（２人）がそれに続いています。

電気通信工事の死亡災害の内訳（令和２年）

交通事故（自損）	4
クレーン作業災害	2
物の倒壊	2
墜落（はしご）	1
重機等にひかれる・はさまれる	1
交通事故（もらい事故）	1
立木災害	1
物の落下（クレーンつり荷除く）	1
解体工事	1
感電	1
	15

機械器具設置工事の死亡災害の内訳

機械器具設置工事業では、墜落・転落災害が５人と最も多く、屋上、スレート屋根、はしごなどから墜落・転落しています。

機械器具設置工事の死亡災害の内訳（令和２年）

墜落・転落		5
	屋上	2
	スレート屋根	1
	はしご	1
	その他	1
物の倒壊		2
クレーン作業災害		1
その他		4
		12

労働災害の原因を考える

労働災害が発生する原因には、大きく“不安全な状態”と“不安全な行動”の２つに分けられます。

このうち、不安全な状態は、開口部が養生されていない、重機周りにバリケードが設置されていないなど、設備面の安全対策が十分に行われていないものです。

一方、不安全な行動は、作業員が、墜落制止用器具を使っていない、上下作業を行っている、脚立の天板に乗って作業を行っているなど、作業員が意図的であろうがなかろうが安全に行動していないものです。

不安全な行動は、文字どおり、“ヒューマンエラー”ですが、不安全な状態も、「誰が、開口部養生をしなかったのか」など、不安全な状態のまま放置したのは人であり、こちらもほとんどのケースでヒューマンエラーが関わっています。

災害分析結果を基に、“災害の96％はヒューマンエラーが関わっている”との研究報告も見受けられます。

このように、労働災害のほとんどはヒューマンエラーが関わっています。

労働災害の発生原因

不安全な状態

不安全な行動

ヒューマンエラーの原因となる人間の特性

ヒューマンエラーの原因には、人間の特性が関わっています。

これまで、筆者は20年以上にわたり、以下のとおり、ヒューマンエラーの原因となる人間の12の特性を紹介してきました。

ヒューマンエラーの原因となる人間の12の特性

	分類	内容	事例
①	無知、未経験、不慣れ	知らない、経験がない、慣れていないなどにより、どこにどのような危険があるのかわからない	新人オペレーターの操作ミスでバックホウが転倒する
②	危険軽視、慣れ	「このくらいなら大丈夫」と危険はわかっているが、それを受け入れて行動する	高所作業で、墜落制止用器具を使わず墜落する
③	不注意	作業に集中すると、安全にまで注意が払えない	トラックの後ろで作業中、バックしてきたトラックに気づかずひかれる
④	コミュニケーションエラー	安全指示がうまく伝わらない	安全指示を一方的に出しても、作業員はそれを理解できない
⑤	集団欠陥	突貫工事になると、現場全体が安全は二の次になり、不安全行動がとがめられなくなる	工期が厳しく、上下作業が平気で行われ、上から落とした資材により、下の作業員が被災する
⑥	近道・省略行動	人間は近道をしたい、面倒な手順を省略したいという効率的に物事を進めようとする本能を持つ	溝掘削工事で渡り桟橋を使わず、切梁上を歩き、墜落する
⑦	場面行動	瞬間的に１点に集中すると、周りが見えずに、とっさに行動する本能を持つ	足場上、手から工具を落とした瞬間、それを拾おうと、とっさに手を伸ばし、墜落する
⑧	パニック	パニックになると、脳は正常に働かず、ミスを犯しやすくなる	海の中、潜水士がパニックになると、どちらが海面かわからなくなり、おぼれる
⑨	錯覚、思い込み	見間違い、聞き間違い、思い込みなどにより危険が見えない	開口部はないと錯覚し墜落する
⑩	高年齢者の心身機能低下	加齢に伴う心身機能の低下により、被災する	つまずいて前のめりに転倒しても、手をうまく出すことができず被災する
⑪	疲労	疲れてくると、注意力、判断力などが低下し、ミスを犯しやすくなる	疲労により注意力が低下し、危険が見えなくなる
⑫	単調	単調作業は覚醒水準を低下させ、エラーが起こりやすくなる	鉄筋を結束し続け、起き上がった途端、張り出した単管に頭をぶつける

人間の特性の類型化

人間の12の特性の類型化

ヒューマンエラーの原因となる人間の12の特性は、以下のとおり、

1．危険が見えない
2．行動が止められない
3．リスクを受け入れてしまう
4．心身機能等の低下による
5．組織的な欠陥による

の5つに分類できます。

12の特性の類型化

1．危険が見えない
　①無知、未経験、不慣れ　③不注意

2．行動が止められない
　⑦場面行動　⑧パニック　⑨錯覚、思い込み

3．リスクを受け入れてしまう
　②危険軽視、慣れ　⑥近道・省略行動

4．心身機能等の低下による
　⑩高年齢者の心身機能低下　⑪疲労　⑫単調

5．組織的な欠陥による
　④コミュニケーションエラー　⑤集団欠陥

1．危険が見えない

作業員は、それを知らない、経験が足りない、それに慣れていない、作業に集中し過ぎなどにより、忍び寄る危険が見えず、ヒューマンエラーを犯してしまいます。

2．行動が止められない

作業員は、とっさに行動したり、急に驚き脳が正常に働かなかったり、思い込みなどでそこに危険があることがわからなかったりして、自らの行動を止められず不安全な行動になり、ヒューマンエラーを犯してしまいます。

3．リスクを受け入れてしまう

目の前の危険がわかっていても、「これくらいなら大丈夫」と危険を軽視したり、「面倒だからその危険を犯しても平気」と近道したり手順を省略したりするなどして、ヒューマンエラーを犯してしまいます。

4．心身機能等の低下による

作業員は、年齢を重ねることにより心身機能が低下したり、作業を続け疲れてくると注意力、判断力が低下したり、単調な作業を続けると、頭がボーッとして意識が低下したりするなど、心身機能や覚醒水準が低下するとヒューマンエラーを犯しやすくなります。

5．組織的な欠陥による

現場で指示がうまく伝わらなかったり、指示がしっかり守られなかったり、また、現場全体が、生産最優先、工期厳守などになると、不安全行動やむなしという雰囲気になったりして、ヒューマンエラーを犯しやすくなります。このように、作業員個人の行動に大きな影響を及ぼす所属する組織の欠陥もヒューマンエラーの大きな原因になります。

ヒューマンエラー対策は、

①設備面の対策と
②作業員の安全教育（行動変容を図る）
の両輪

ヒューマンエラー対策は、たとえ、ヒューマンエラーが発生しても、それを労働災害につなげない対策を講じることが必要です。例えば、高所作業において、危険軽視というヒューマンエラーにより墜落制止用器具を使おうとしない作業員がいても、そこに手すりやネットなど墜落防護対策があれば、墜落災害を防ぐことができます。

このような設備面の対策が有効ですが、単品受注生産で、日々刻々と作業内容が変わる建設現場では、何から何まで設備面の対策を打つことは難しいのが現実です。

このため、ヒューマンエラーの発生を抑制する対策が必要になります。

それは、作業員に安全教育を行い、ヒューマンエラーの原因となる人間の特性を理解させ、不安全行動をしないよう行動変容を図ります。例えば、自らの注意力には限りがあり、作業に集中すれば、安全にまで気が回らなくなることをしっかり認識させるのです。

具体的な教育方法としては、実際の労働災害事例を用いて、なぜその災害は起きたのか、ヒューマンエラーがどのように関わっていたのか、効果的なヒューマンエラー対策とはどのようなものかなどを作業員にわかりやすく説明し理解を促します。

このため18頁からは、建設現場で発生した典型的な60の死亡災害事例を紹介し、それぞれについてヒューマンエラー対策のとらえ方を解説します。

【危険感受性を高めよう】

また、最近の現場の安全上の課題の一つに、作業員が危険に鈍感になってきたこと、いわゆる“危険感受性の低下”があげられます。

労働災害の防止には、時代の変化を受け、常に新しい取り組みが求められます。

今の時代では、その一つに、“危険感受性の向上”があげられます。

成熟社会を迎えたわが国は、一昔前と比べ、日常の危険はかなり少なくなりました。そうなると、人間が持つ危険を感じ取る力は自然と弱まってきます。しかし現場では、働く人達が、とっさに危険を感じその危険を回避することにまだまだ頼らざるを得ないところが多々あるため、“危険感受性の低下”が原因で発生する労働災害が増えてきました。

危険感受性を高めるためには、仮想現実（ＶＲ）による擬似体験などの危険体感教育、映像教材（例：運転免許証更新時に視聴する交通事故の悲惨さを描いたDVD）などによる教育があげられますが、その他にも、人は他人の体験を自らのことと捉えることができ、先輩などの危険な体験談を聞くことも有効です。

典型的な死亡災害60事例からヒューマンエラー対策を学ぼう

1 土木工事

① 重機等にひかれる・はさまれる

事例1

（バックホウがバックして）

・資材置場において、代表取締役がバックホウを操作し残土処理の作業をしていた際に、バックホウ後方に被災者がいることに気が付かずそのまま後進し、ダンプトラックとバックホウの間にはさまれた。

ヒューマンエラー対策のとらえ方

・バックホウがバックで人をひく。これはバックホウの典型的な災害です。オペレーターは、作業に集中すればするほど、後ろに人がいることに気づきにくくなります。たとえ、後ろに人がいることがわかっていても、作業を進めるうちに、そのことを忘れてしまいます。
・対策は、①バックモニターを付けるなど、オペレーターの死角をなくす、②誘導員を配置し周辺の作業員を守ることなどです。

建設現場の典型的な死亡災害について、令和２年の事例を用いてヒューマンエラー対策のとらえ方を見ていきます。以下、１．土木工事、２．建築工事、３．電気通信工事、４．機械器具設置工事の順に事例を紹介します。

事例2

（タイヤローラーがバックして）

・道路舗装工事において、交差点手前の矢印標示につき、被災者は、しゃがんでチョークでマーキングをしていたところ、アスファルトの締固めで後進してきたタイヤローラーにひかれた。

ヒューマンエラー対策のとらえ方

・タイヤローラーがバックで人をひく。前の事例と同様、重機がバックでひくことが繰り返し発生しています。しゃがんでチョークでマーキングすれば、正しくマーキングしようと意識がそこに向き、タイヤローラーの接近に気づかないことが出てきます。
近くで転圧しているタイヤローラーがいることは百も承知であっても、チョークに意識が向けば、タイヤローラーのことを忘れてしまうのです。

・対策は、前の事例同様、①バックモニターを付けるなど、オペレーターの死角をなくす、②誘導員を配置し周辺の作業員を守ることなどです。

事例3（スクリューに巻き込まれ（推進工法））

・汚水管渠埋設工事において、推進工法により到達立坑まで管を貫通させ、管内の土砂を取り除くため、管内のスクリューコンベアを回転させていたところ、到達立坑内で管のパッキンの締め直しを行っていた被災者の服が回転するスクリュー部分に巻き込まれ、脇腹部圧迫により窒息した。

ヒューマンエラー対策のとらえ方

・回転するスクリューコンベアに作業服が巻き込まれた災害です。実態はよくわかりませんが、スクリューに何かがはさまり、それを取り除こうと手を近づけ、服が巻き込まれた可能性があります。機械は突然凶器に変わり、作業員を襲います。

・決して稼働しているスクリューに近づかないことです。手を近づけないため、手に持つ工具を近づけることも許されません。なぜなら、手に持つ工具が巻き込まれれば、手も巻き込まれることが少なくないからです。スクリューに手を近づけるのであれば、停止させること。これが鉄則です。

（バッテリーロコにはさまれ（トンネル内））

・河川改修工事の放水路トンネルにおいて、トンネル坑内の発進立坑坑口から35ｍ地点にて、被災者が停止中のセグメント台車に装備されている充電式前照灯のバッテリーの取り外し作業中、もう１台のバッテリーロコが切羽方向から同一軌道内に進入してきたため、被災者の背後に衝突し、セグメント台車とバッテリーロコとの間にはさまれた。

ヒューマンエラー対策のとらえ方

・トンネル内で、バッテリーロコにひかれる災害も後を絶ちません。狭いトンネル内は、バッテリーロコの軌道上は作業員の通路でもあり、常に、接触の可能性があります。

・バッテリーロコが通過する際、警報音を鳴らす対策をとるところが少なくありませんが、警報音は、作業に集中した作業員は耳に入らないことがあり、万全の対策とはいえないことを十分に理解しなければなりません。バッテリーロコは、走行中、作業員の接近を感知し自動停止することが求められます。

② 交通事故

事例5

（左カーブを曲がり切れず）

・作業が午前中で終了したため、小型トラックに２人が乗車し、工事現場から会社に戻る途中、国道を走行中にゆるい左カーブで道路右側にはみ出し、橋の欄干に激突して道路脇の沢にトラックごと転落した。助手席に乗っていた作業員が死亡し、運転者が軽傷を負った。

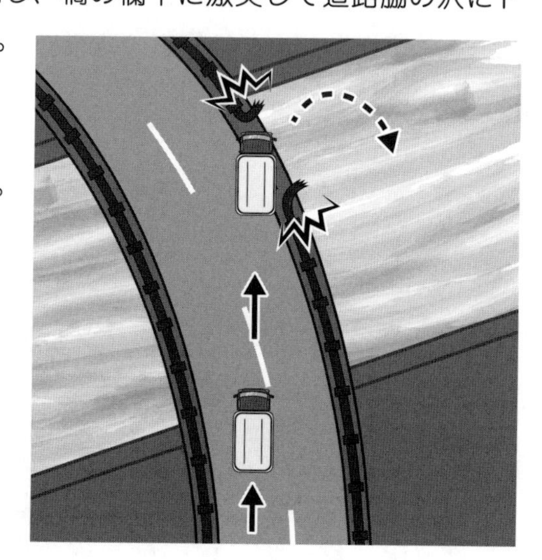

ヒューマンエラー対策のとらえ方

・交通事故は、通勤災害と業務災害があります。自宅から事務所や現場までの移動は通勤災害、一方、事務所に一旦集まり、そこから現場に向かう途中の交通事故や、現場間移動での交通事故が業務災害です。この業務災害の交通事故があまりに多いのが現状です。

・即効性のある対策は難しく、地道に繰り返し交通安全教育を行い、スピードを出しすぎない、わき見運転、漫然運転、だろう運転（対向車はこうしてくれるだろうなどと、自分に都合の良いように考え運転すること）をしないなど、交通事故防止意識を高めることが求められます。

③ もらい事故

事例6

（マンホールから頭を出したところに）

・被災者と交通誘導員の２人で下水管の清掃作業。被災者が深さ3.5ｍのマンホール内に入り清掃し、作業終了後、マンホールから地上へ出ようとしたところ、頭部を一般車両にひかれ、マンホール内へ墜落した。

ヒューマンエラー対策のとらえ方

・信じられない死亡災害です。マンホール周りをバリケードで囲うなどの対策が必須にもかかわらず、どうしてその上を一般車両が通行したのでしょうか。不安全な状態をつくったヒューマンエラーです。
・対策は、作業中はマンホール上を一般車両が通行しないように作業帯を作らなければなりません。

④ 重機等の転倒・転落

（トラック積み込み中、バックホウ横転）

・同僚１人と被災者で、工事で使わなくなったバックホウをトラックに積み込み作業中、トラック荷台にバックホウのクローラ先端をかけ旋回したところ、バックホウがバランスを崩し横転、被災者が運転席から投げ出されバックホウのヘッドガードと地面の間に頭部をはさまれた。

ヒューマンエラー対策のとらえ方

・バックホウのトラック積み込み作業で、道板を使わず、直接バックホウのクローラを荷台にかけ、バケットを地面につけたアームの力で、荷台に載せようとしましたが、それがうまくいかず、バックホウが転倒し死亡災害を招いてしまったものです。危険極まりないやり方です。「なんとかいけるだろう」という安易な気持ち、危険軽視がそうさせます。

・バックホウのトラック荷台への積み込み・積み下ろし作業は、専用の道板を使用しなければなりません。その道板も、ピンやチェーンで、トラック荷台にしっかり固定できるものを使わなければなりません。さらに、より安全な積み込み・積み下ろし作業をするには、セーフティローダーを使用し、道板などを使わず、そのまま直接、積み込み・積み下ろしできるようにすることです。

事例8

（斜路でバックホウ転落）

・山中で治山工事中、被災者はバックホウを運転し斜面を下りようとした。被災者はバックホウのバケットを斜面下方に接地させ突っ張りとした後、斜面下方に向かってキャタピラを前進させたところ、バックホウが左斜め前に前転するように斜面を転落し、運転席から投げ出され、バックホウの下敷きとなった。シートベルトを着用していなかった。

ヒューマンエラー対策のとらえ方

・バックホウの転倒死亡災害の典型的なパターンは、転倒し、オペレーターが投げ出され、そこに転倒したバックホウがのしかかり下敷きになるものです。現状、バックホウは運転席保護構造のものがかなり普及してきていますが、運転席保護構造のバックホウに乗っているにも関わらず、オペレーターはシートベルトを締めずに運転席から投げ出され、死亡するケースが目立ちます。

・運転席保護構造のバックホウに乗っているオペレーターが被災しないためには、シートベルトの着用に尽きます。運転席の中にいれば、守られるわけですから。シートベルトの着用が当たり前となるまで教育を繰り返すことが必要です。

（路肩から振動ローラー転落）

・橋梁の耐震補強工事において、河川内の「締切盛土」の天端部分（高さ約2.5ｍ、幅員2.5～2.9ｍ）を、振動ローラー（車両幅1.3ｍ）で締め固め作業中、振動ローラーが路肩から転落した。路肩の下は勾配約33～34度の法面となっており、転落時にオペレーターが投げ出され、その後同ローラーがオペレーターの体上部を通過し、胸部を圧迫された。

ヒューマンエラー対策のとらえ方

・盛土天端の締固め作業は、天端の端まで振動ローラーで締め固めなければならず、また、振動ローラーのオペレーターは、路肩の異常には気づきにくいことがあるなど、天端からの転落リスクは少なくありません。

・対策として、路肩付近では、誘導員の誘導の下、転圧することが求められます。

⑤ 土砂崩壊

（溝内で管布設中に崩壊）

・工場内の雑排水処理用の配管設置作業において、バックホウで溝掘削を終え（幅1.4ｍ、長さ19.4ｍ、深さ約2.7ｍ）、被災者を含む２人が溝内で配管設置作業中、東壁面の地山（幅1.2ｍ、長さ2.45ｍ、高さ2.5ｍ）が崩壊し、被災者が土砂の下敷きとなった。なお、もう一人の作業員は脇腹から下が埋まったが無事であった。

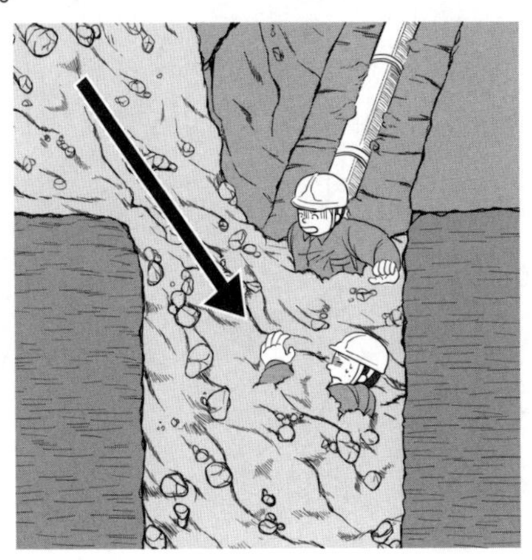

ヒューマンエラー対策のとらえ方

・地山の崩壊高さが2.7mであり、かつ溝掘削が2.5mもあり、溝掘削床面では５m 超の巨大な土砂崩壊となります。地山の崩壊のおそれがあるエリア周辺で溝掘削を行えば、土砂崩壊リスクは増大します。しかし、そのような危険な状況であっても、溝内の作業員は、その怖さをそれほど感じていないおそれがあります。

・対策として、溝掘削前に周辺地山の安定性を検討し、土砂崩壊対策を講じます。また、作業員に土砂崩壊の怖さを教育し、危険感受性を向上させます。

（溝内で土止め支保工組立て中、崩壊）

・下水道管の埋設工事。バックホウで溝掘削し（幅0.95ｍ、長さ４ｍ、深さ1.7ｍ）、作業員２人が土止め支保工の腹起し部材の取付作業中、背後の地山が崩壊し（幅0.5ｍ、長さ４ｍ、深さ1.7ｍ）、１人が崩壊した土砂と腹起し部材との間にはさまれ死亡した。

ヒューマンエラー対策のとらえ方

・溝掘削内での作業中、背後の壁面の崩壊により被災するケースは少なくありません。崩壊の予兆に気づくことが難しくて逃げ遅れ、崩壊した土砂の土圧をまともに受けてしまいます。掘削深さが1.7mと浅いところは、土砂崩壊の怖さを感じにくいですが、そこでの土砂崩壊の圧力は、人をあやめる力が十分にあります。

・対策は、土止め支保工が完了するまでは、溝内に入らないこと。また、地山の掘削作業主任者や土工事の熟練工などが、溝内での作業中、土壁面に異常がないか監視することも必要です。

⑥ クレーン作業災害

事例12

（クレーン機能付きバックホウの転落）

・機体重量2.56ｔのバックホウ（クレーン機能付き）を用いて、工事用通路に仮設していた敷鉄板の撤去作業。重量513kgの敷鉄板をつり上げ旋回したところ、オペレーターはバックホウとともに約４ｍ下の沈砂池に転落した。

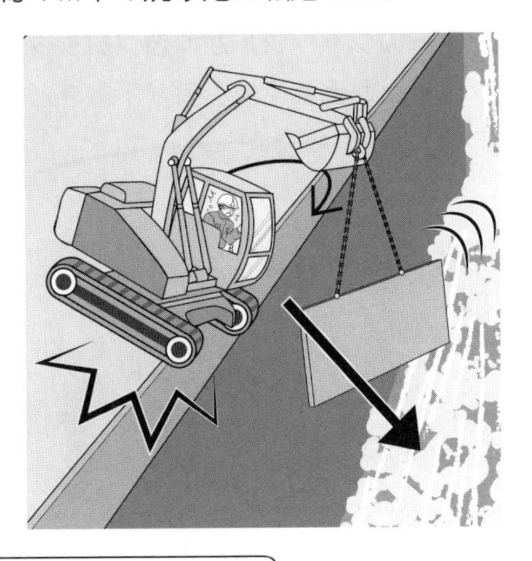

ヒューマンエラー対策のとらえ方

・敷鉄板をつって機体の安定が損われ転落した事例です。敷鉄板は長大で重量物なため、つり上げ旋回すると、かなりの遠心力が働き、機体の安定を損うリスクが高まります。また、敷鉄板を離れた場所に下ろそうとする際も、機体の安定が損われやすくなります。オペレーターは、現場の要求に応えようとするがあまり、「なんとかいけるだろう」とアームを伸ばし、時に、判断ミスを招きます。

・対策は、作業前にそのクレーン機能付きバックホウの定格荷重表を見て、敷鉄板の重量から作業半径の長さを確認し、それに基づき、正しいクレーン作業を実施することが必要です。

（玉掛け用具が下ろした荷に引っ掛かり）

・海岸の護岸工事において、消波ブロック（重量2.43t）を製作し、仮置き場にて移動式クレーンで消波ブロックをつって移設する作業中、消波ブロックを地上に下ろして３人が３本の玉掛け用ワイヤーのシャックルを外し、オペレーターは、合図に従い移動式クレーンのつりワイヤーを巻き上げたところ、うち１本の玉掛け用ワイヤーのシャックルが消波ブロックの一部に引っ掛かり、消波ブロックが倒れて被災者が下敷きとなった。

ヒューマンエラー対策のとらえ方

・クレーン作業でつり荷を下ろした後、玉外し作業がうまくいかず、つり荷が倒れ被災した事例です。つり荷を下ろすまでは慎重に行っても、つり荷を下ろした安心感から、その後、つり荷からワイヤーを外す時は、慎重さに欠ける行動をよく目にします。

・対策は、クレーン作業は、しっかりとした玉掛け、玉外し作業を行うことです。特に、玉外し時、ワイヤーが完全につり荷から離れるまで、慎重に行うことが重要です。クレーンのブームを強引に上げるなど、力任せにワイヤーを取っ払ってはいけません。

事例14

（下ろした荷から玉掛けワイヤーが外れておらず）

・トラックからＬ字型コンクリート擁壁を、移動式クレーンにより地面に下ろし、擁壁に掛けた３本の玉掛けワイヤーロープをすべて外したと被災者が思い込み、被災者が歩きながらクレーンの巻上げの合図をし、クレーンを動かしたところ、１本が外れていなかったため、擁壁が被災者がいる方向に倒れ、被災者が下敷きとなった。

ヒューマンエラー対策のとらえ方

・玉外し作業で、つり荷からワイヤーが完全に外れたか確認せずに、ワイヤーを巻き上げたことが原因です。「３本の玉掛けワイヤーをすべて外したと被災者は思い込み」とありますが、このような思い込みはあってはなりません。しかしながら、このような思い込みによる被災が少なくないのが現状です。

・玉外し時、ワイヤーが完全につり荷から外れたことを確認することが必要です。

⑦ 物の倒壊

（溝内で軽量鋼矢板が倒れ）

・鋼矢板を使用した基礎工事を行うため、作業員３人により鋼矢板（重さ約650kg）をバイブロハンマーで打込んでいた。被災者は打込み作業中に、状況を確認しようと溝に降り立ったところ、事前に設置していた土止め用の軽量鋼矢板（重さ約100kg）が被災者の背中に倒れ、鋼矢板の上端と軽量鋼矢板の間に胸部をはさまれた。

ヒューマンエラー対策のとらえ方

・バイブロハンマーの振動により、立てかけていた軽量鋼矢板が倒れた可能性があります。軽量といっても重さ約100kg。倒れれば人を殺す力は十分にあります。背後から襲われると、逃げようがありません。

・対策は、バイブロハンマーを使用する場合、使用前に、その振動による物の倒壊等、危険を洗い出し、対策を講じます。バイブロハンマーでの鋼矢板打込みが完了した後、倒壊のおそれがある軽量鋼矢板を建て込むような作業手順とすることが望まれます。

（立てかけた敷鉄板が倒れ）

・資材置場にて、関連会社の作業員がクレーン機能付きバックホウを用いて、積載形トラッククレーン（ユニック車）の荷台から荷下ろしした敷鉄板２枚（重さ約800kg／枚）をＨ鋼の柱に立てかけた。被災者が鉄板の間にはさんだバタ角を調整していたところ、１枚の敷鉄板が倒れ、被災者の胸部に当たり死亡した。

ヒューマンエラー対策のとらえ方

・地盤の安定を図るため、数多くの現場で敷鉄板が使用されていますが、１枚約800kgの重量物で、長さ約６ｍ×幅約1.5mの長大物であり、つったり、立てかけたり、ずらしたりすると、落下、はさまれ、倒壊などのリスクが生まれ、それにより数多くの死亡災害が発生しています。
・対策は、敷鉄板を立てかけるなど不安定な状態にしないことです。

⑧ 法面・斜面からの墜落

（斜面を登る途中、滑落）

・法面保護工事に伴う落雪等防止用擁壁工の築造工事において、被災者が現場横の斜面にある湧水管を確認しようと斜面を登る途中で、足を滑らせ転落した。

ヒューマンエラー対策のとらえ方

・湧水管の状態を確認するだけだからと、墜落防護対策はなくても大丈夫と思ったのでしょうか。また、現場横の斜面ですので、そこにまで墜落防護対策をする必要がないと現場は考えたのでしょうか。それが痛ましい結果につながってしまいました。

・対策は、墜落防護措置を講じることです。安衛則に従い、２本の親綱を用意して、１本はメインロープ、もう１本はライフラインとし、それぞれにロリップを付け、墜落から身を守ります。「ちょっと確認するだけだから」という安易な気持ちは改めなければなりません。

⑨ 立木災害

事例18

（伐倒木が裂けて）

・建設現場内の道路脇の斜面上部（端部）にある支障木（ヒバの木：胸高直径22cm、樹高約15m）をチェーンソーで伐倒していたところ、支障木が縦に裂けて跳ね上がり、被災者の頭部を直撃し約５ｍ下の道路上に墜落した。斜面の傾斜角度は約44度であった。

ヒューマンエラー対策のとらえ方

・伐木作業の死亡災害は、林業の現場では後を絶ちません。伐木作業は、倒す木が危険源です。しかし、その危険源のすぐ横に伐木者はいなければならず、他と比べ特異な状況にあります。だから、災害が多いとも言えます。

・対策としては、伐木者に、伐木作業中のさまざまなリスクを教育し、それらリスクを頭に叩き込み、実際の作業でその予兆を見つけたら、すぐにリスク回避行動をとることが求められます。

⑩ 物の落下

事例19

（鉄骨材の落下）

・トラックの荷台上に鉄骨（H300×300、長さ3.5ｍ）を３段４列積み込んだ上（地上高2.4ｍ）にりん木を敷き、連結した２本の鉄骨（荷姿：幅40cm×高さ80cm×長さ3.5m、重量1.4t）をフォークリフトで積み込んでいた際、その鉄骨がフォークリフトの反対方向に倒れ、フォークリフトの誘導員が鉄骨の下敷きとなった。

ヒューマンエラー対策のとらえ方

・フォークリフトの誘導員が被災した事例です。誘導員が誘導に意識が向き、積み荷の鉄骨材の異変に気づくのが遅れたのでしょうか。
・対策には、誘導員の教育があげられます。フォークリフトの誘導中、自身の安全を確保するため、フォークリフトへのはさまれ、積み荷の落下にあわないよう、安全な立ち位置などの指導が必要です。

事例20

（トレーラー荷台からクレーンのジブ落下）

・トレーラーで運搬してきた移動式クローラクレーンのジブを荷台から荷下ろしする際、荷台からジブが落下し、ジブと地面にはさまれ作業員３人が被災し、１人が死亡した。

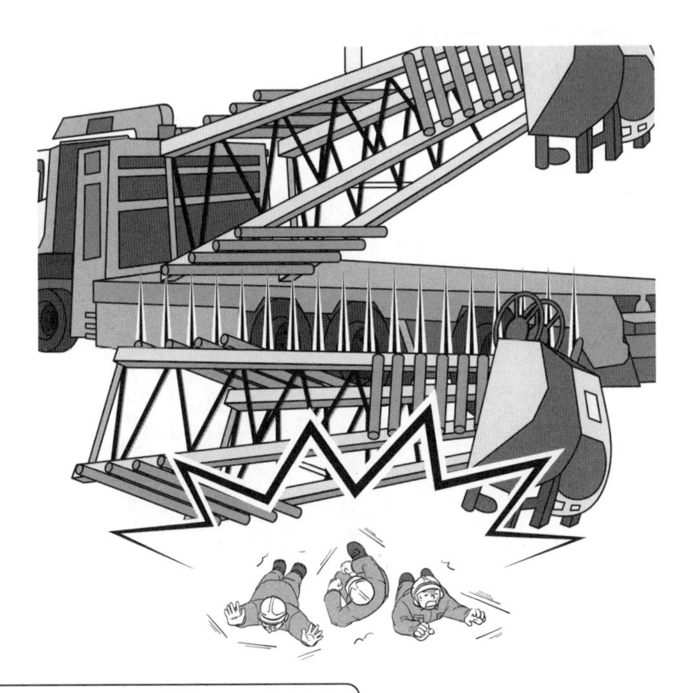

ヒューマンエラー対策のとらえ方

・トレーラーの荷台での荷下ろし作業がうまくいかず、荷のジブが落下し、地上にいた作業員が３人も被災した重大災害となり、うち１人が亡くなりました。落下の原因は不明ですが、積み荷の落下には、常に用心しなくてはなりません。

・対策は、積み荷が不安定な状態になるおそれがあれば、荷台には近づかないことです。大事なのは、そのおそれがあるかどうか判断できる人を現場に配置することです。

⑪ 熱中症

（休憩し容態が悪化）

・アスファルト舗装作業中、午後、被災者がふらついたのを職長が確認したため、休憩を指示し日陰で休ませていたところ、立てなくなる等、容態が急転したため、救急車により病院に搬送したが、翌日死亡した。熱中症であった。

ヒューマンエラー対策のとらえ方

・この熱中症による死亡災害は、休憩後、容態が悪化し、救急搬送したものの手遅れでした。休憩せずにすぐに救急搬送していれば、違った結果になったかもしれません。

・体温調節力を失うと、どれだけ、水分、塩分、適度な休憩をとっても、身体に溜まった熱がうまく出せず、体温上昇が避けられなくなります。とても危険な状態です。現場では、体温調節力を失っているかを見極めることは難しく、その疑いがあれば、すぐに医師に診てもらわなければなりません。

⑫ 硫化水素中毒

（下水道立坑内で）

・下水道の推進管の完成写真撮影のため、作業員２人が発進立坑から到達立坑に向かって推進管内を移動中（１人は途中で引き返し）、硫化水素が到達立坑内に地下水とともに漏出していたため、到達立坑付近で１人が硫化水素中毒により死亡した。救助に向かった４人、発進立坑内で作業していた６人の計10人が中毒となり、救助に向かった者のうち２人が休業災害、他８人が不休災害となった。

ヒューマンエラー対策のとらえ方

・地下水とともに硫化水素が漏出したことにより硫化水素中毒が発生しました。共用している下水道管にある汚物から発生したわけではなく、新設工事の地下水から硫化水素が漏出し、それにより中毒が発生した例はあまり聞かれません。ただ、温泉施設など、地下から温泉のわき出しとともに硫化水素が発生し、それによる硫化水素中毒は過去にも起こっています。地下を掘る時は、硫化水素、メタンガスなどの有害化学物質のわき出しに注意が必要です。

・対策は、地下掘削工事では、有害化学物質が発生しないか事前調査を行い、作業中は継続的な濃度測定が欠かせません。そして、作業員に対し、地下掘削工事での硫化水素中毒等有害化学物質の怖さを教育しなければなりません。

⑬ 蜂刺傷

（1か月に蜂に2回刺され）

・被災者が法面で下刈り作業中に、左手甲を蜂に刺された。被災者は刺された後、法面天端まで移動して様子を見ていたが、ショック状態になり意識を喪失。被災者は、その後病院に搬送されたが、同日中に死亡が確認された。なお、被災者は、蜂に刺された時、1か月前にも蜂に刺されていたと同僚に話していた。

ヒューマンエラー対策のとらえ方

・蜂に刺され、アナフィラキシーショックで亡くなったことが考えられます。蜂に2回刺されると、一度刺された時にできた蜂毒に対する体内の抗体により、アナフィラキシー症状を引き起こしやすいと言われています。
・蜂対策は、防護服、防護手袋が求められる場合がありますが、実施する作業において、どの程度、蜂刺傷の危険があるか見通せない場合も少なくありません。その場合、刺されても大丈夫なように、エピペン（アドレナリン自己注射キット）を携行し、刺されたらすぐに即効性のあるエピペンを打ち、アレルギー反応を起こさないように努めます。

⑭ その他墜落・転落

事例24

（足場からの墜落）

・被災者は壁高欄の仕上作業にともなう足場の盛替え作業を行っていた。被災者は他の作業員とともに足場板を番線で固定する作業中、被災者が乗った足場板が外れ、約７ｍ下の地上に墜落した。

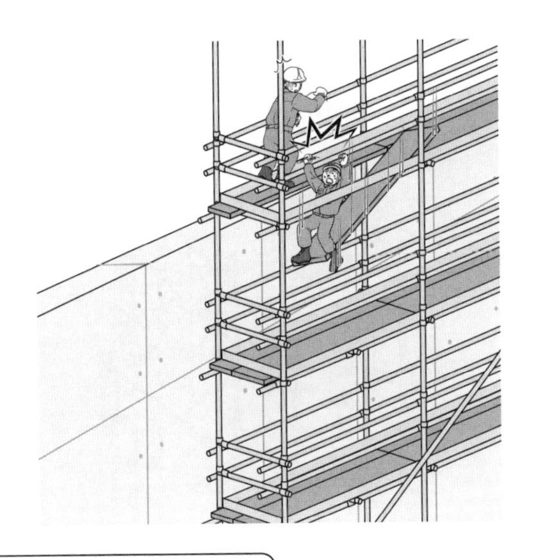

ヒューマンエラー対策のとらえ方

・足場の盛替え作業中、固定されていない足場板に乗ったため、その足場が動いて外れてしまい、作業員は、足場板とともに墜落してしまいました。その足場板が固定されていないことを知らなかったのでしょうか。あるいは、固定されていないことを承知の上で、その上に乗ったのでしょうか。

・いずれにしても、足場の盛替え作業中は、親綱を張り、そこに墜落制止用器具を掛ける。そうすることにより、突発的な墜落リスクから身を守るようにしなければなりません。

事例25

（はしごからの墜落）

・漁港に係船された起重機船甲板上において、仮置きした鋼製の作業台（高さ5.89m）付けのはしご道を被災者が降りていたところ、足を掛けていたはしごの踏さんが折れ、高さ4.75mの位置から甲板上に墜落した。被災者は墜落制止用器具(安全帯)は未着用であった。

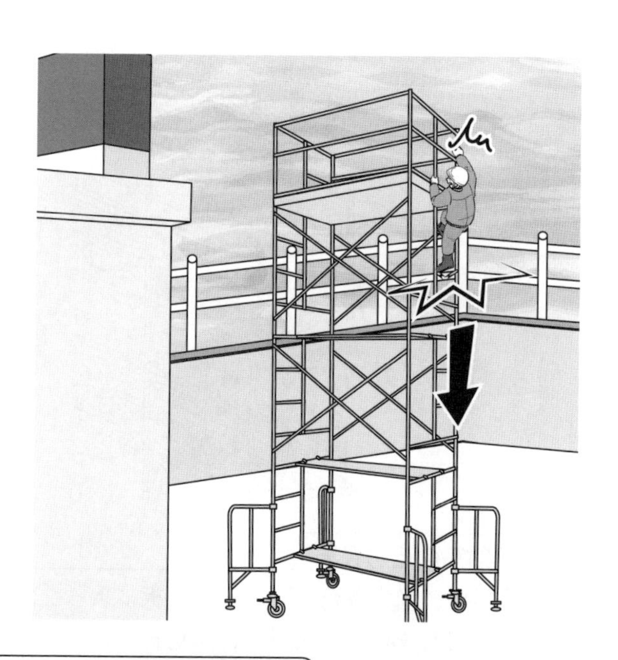

ヒューマンエラー対策のとらえ方

・はしごの踏みさんが折れたことにより墜落した事例です。はしごの昇降は、高さ4.75mとかなりの高所です。墜落して死亡災害につながりやすい高さでは、墜落防護措置を講じる必要があります。

・対策はセーフティブロックを使用し、はしごからの墜落を防止します。

（海への転落）

・橋梁架設工事現場において、被災者は、掘削土を運搬する土運船（台船）に乗り、作業構台へ係留するため、作業構台側にいた作業員から、係留用ロープを受け取ろうとしていた。土運船は、曳行船に引っ張られ航行するが、土運船が作業構台に衝突したことにより、その衝撃で被災者が落水し、土運船と作業構台の間に胸部をはさまれた。

ヒューマンエラー対策のとらえ方

・土運船が作業構台に衝突したところ、土運船上の作業員が、その反動で海に落ち、船と構台にはさまれた事例です。実態はよくわかりませんが、その衝突は予期できなかったのでしょうか。
・船上の作業員が、予測できない事態に陥っても海に落ちないような対策を講じることが必要です。

⑮ おぼれ

（潜水士のおぼれ）

・下水処理施設の設備耐震化工事において、角落し（水をせき止めるための厚さ約10cmの板）を水路内につり下ろす作業中、被災者は水中の角落しの設置状況の確認及び玉外しを行うため、角落しの上流側の水深約３ｍに潜水していたところ、水流により角落しを乗り越えて浮き上がり、命綱により同僚に救出されたが死亡した。

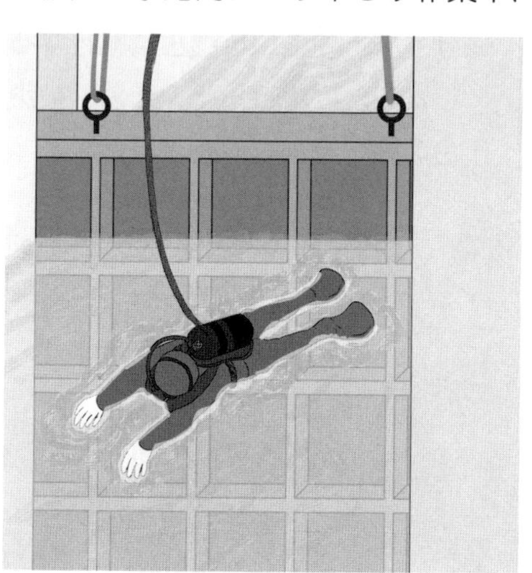

ヒューマンエラー対策のとらえ方

・なぜ潜水士がおぼれたのかがよくわかりませんが、角落しをつり下ろしたことにより、水流が激しく複雑になり、水中の潜水士に危険が及んだおそれがあります。一般的に、潜水業務の危険性には、溺れと水中拘束があります。溺れは、①肺や気道に水が入り呼吸不可となり窒息する、②水が鼻に入り反射的に呼吸が止まる、③窒素酔いやパニックなどが原因となります。一方、水中拘束とは、作業に使用したロープが絡みついたり、網その他の障害物に引っ掛かったりして、水中に拘束されるもので、それによりパニックを引き起こし、溺れ等重篤な災害につながることがあります。

・潜水士のパニック対策は、①一人で潜らない（人は、パニックになりそうになっても、隣りに落ち着いた人を見ると、落ち着くことができる）、②自分を客観視できるような装置（水中時計、水深計）を身に着けるなどがあげられます。

2 建築工事

① 墜落・転落

a．足場

事例28

（足場上作業での墜落）

・14階建新築建築工事において、工事用エレベーターを13階から15階までクライミングするため準備作業を行っていた被災者が、15階エレベーターピット開口部に設置してあった墜落防止用ネットを取り外すため、エレベーターの搬器上部手すりに設定されていたブラケット足場に上がろうと足をかけたところ足場が外れ、約60ｍ下の地下１階エレベーターピットに墜落した。

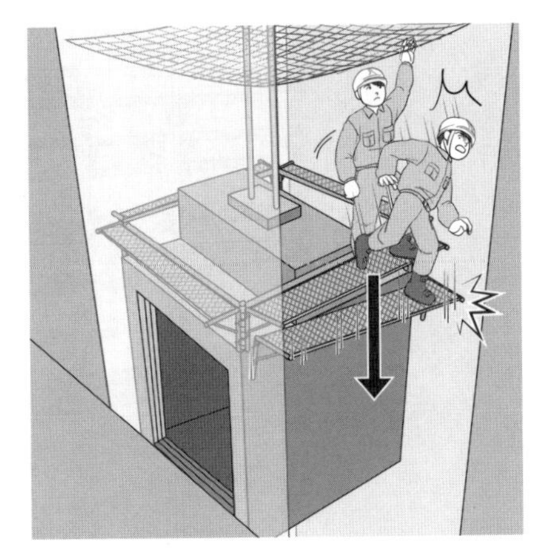

ヒューマンエラー対策のとらえ方

・約60ｍもの高さからの墜落災害です。なぜ墜落制止用器具を使わないのでしょうか。ブラケット足場は万全だと思ったのでしょうか。
・対策は、作業前に、ブラケット足場の点検が必要です。これほどの高所であれば、入念な事前点検が必要です。また、足場上では墜落制止用器具を使わなければなりません。作業員は、頭の中で、墜落制止用器具を使うことのメリット（使わなければ早く作業が進む）、デメリット（墜落する）を比べ、メリットが大きいと判断し、墜落制止用器具を使わずに作業をします。これがリスクテイキングです。このため、作業員への安全教育で、メリットの小ささ（使っても作業の進捗にはほとんど影響ない）や、デメリットの大きさ（使わない死亡災害があまりに多い）を理解させなければなりません。

（足場組立て中の墜落）

・ＲＣ造10階建集合住宅の改修工事において、外壁に沿って足場組立て作業中、被災者は足場３層目床面の妻側より5.8ｍ下方の地上に墜落した。組立中の足場は、くさび緊結式の手すり先行足場であり、被災者は幅75cmの床上でフルハーネス型の墜落制止用器具（２丁掛け）を着用していたが、そのフックを足場に掛けていなかった。

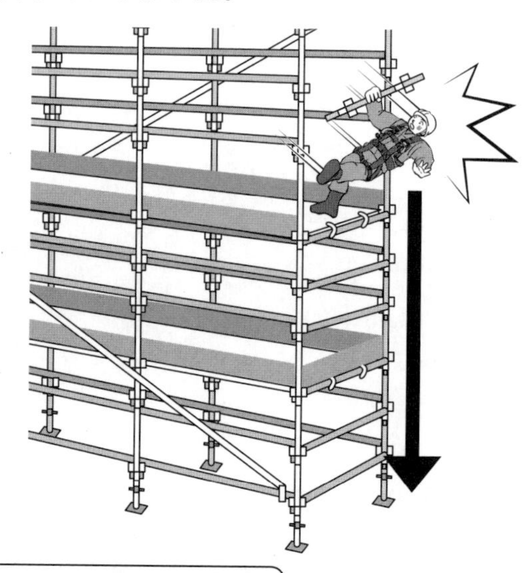

ヒューマンエラー対策のとらえ方

・手すり先行足場であっても、妻側は、先行足場が組み立てられていない開口部であると考えられます。フルハーネス型の墜落制止用器具（２丁掛け）を着用していたのであれば、使わなかったことが残念でなりません。

・対策は、手すり先行足場であって、足場の上の段に上がる前に手すりが先行して設置されたとしても、妻側など墜落のおそれがあれば、墜落制止用器具を使わなければなりません。

事例30

（足場解体作業で、解体材手渡し時の墜落）

・ＲＣ造11階建共同住宅新築工事において、躯体北面に設置された枠組足場を解体中、被災者は足場10層目で、解体した足場部材を地面に降ろすため、下層にいる作業員に手渡す際に、誤って足場から地面まで、約17m墜落し死亡した。フルハーネス型墜落制止用器具を着用していたが、そのフックを10層目に張られた親綱に掛けていなかった。

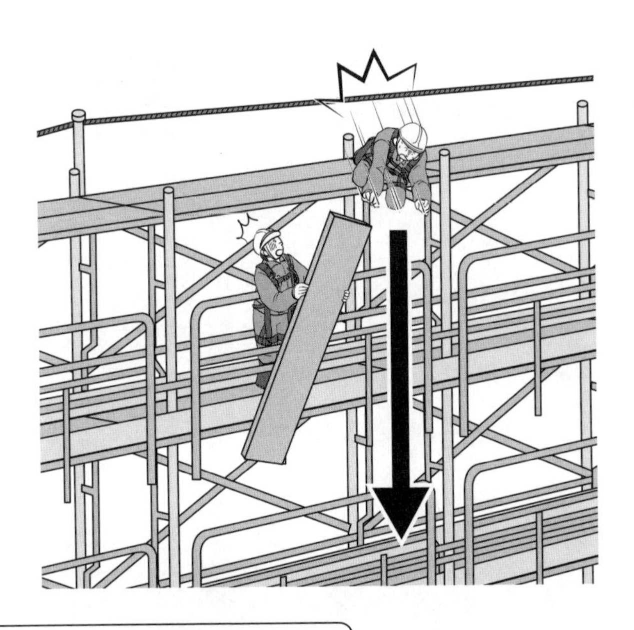

ヒューマンエラー対策のとらえ方

・この事例も墜落制止用器具を使わなければならない状況で、それを使わず、墜落した事例です。解体材を足場の下の段の作業員に手渡す時は足場の外側に解体材を出しますから、解体材を持つ作業員の重心は足場の外側に向かうため、墜落リスクが高まります。

・対策は、墜落制止用器具を使うことに尽きます。

（足場解体作業で、メッシュシート取り外し時の墜落）

・被災者は、マンションの西面に設置されたくさび緊結式本足場において、メッシュシートの取り外し作業中、足場床面と手すり（足場床面から高さ90cm）との間から、3.71m下の地面に墜落したものである。

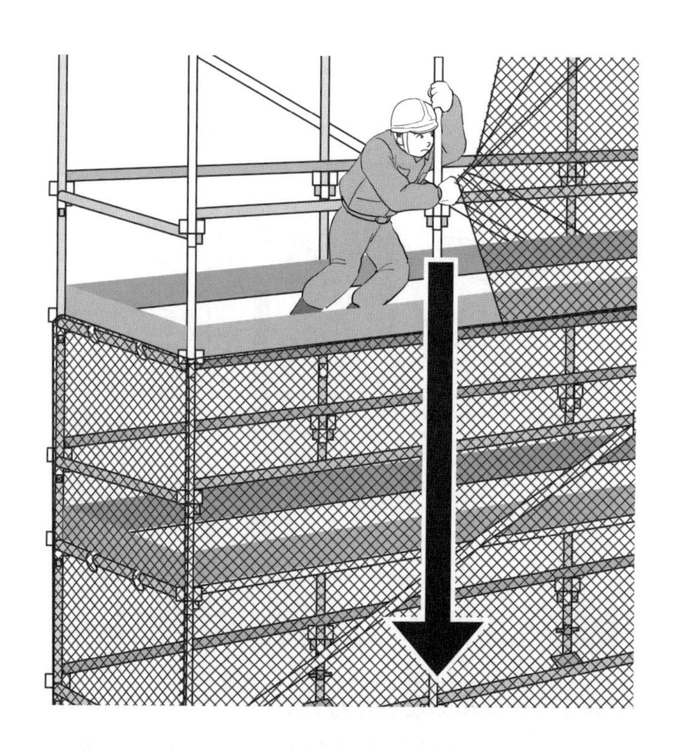

ヒューマンエラー対策のとらえ方

・メッシュシートのような墜落防護措置の取り外し作業は、墜落の危険がとても大きくなります。
・対策は、やはり墜落制止用器具を使うことに尽きます。

b．屋根

事例32

（スレート屋根の踏み抜き）

・被災者は、工場スレート屋根を更新する工事において、高さ約15mのスレートを踏み抜き、地上に墜落した。建物周囲には足場があり、屋根上には3列の親綱が張られていたが、歩み板はなく、墜落防止用ネットを屋根上に広げる作業が途中まで行われていたが屋根を踏み抜いた箇所にはネットがまだ広げられておらず、墜落制止用器具も親綱に掛けていなかった。

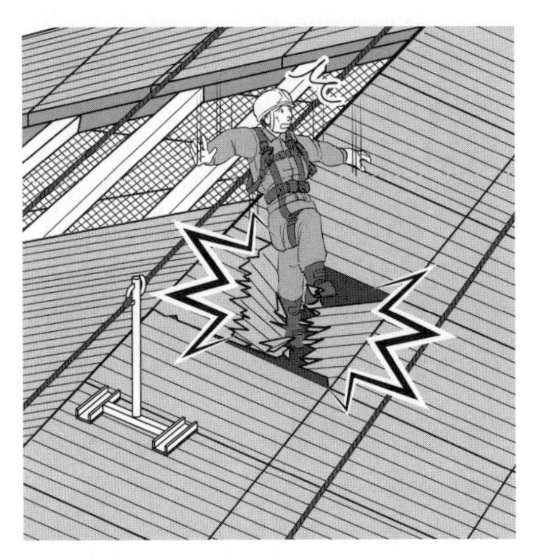

ヒューマンエラー対策のとらえ方

・スレート屋根の踏み抜きによる墜落死亡災害は、あまりに多発しています。墜落防止用ネットが屋根の一部に広げられていましたが、どうして墜落した場所まで広げられなかったのか悔やまれます。また、親綱は張られており、どうして墜落制止用器具をそこに掛けなかったのでしょうか。

・対策は、墜落防止用ネットを屋根の施工エリア全体に広げる、墜落制止用器具を親綱に掛けるなどです。

事例33 （屋根明り取り部の踏み抜き）

・被災者は、倉庫屋根上（鉄骨スレート葺）を覆っている木の枝の除去作業を同僚と２人で行っていた。同僚がチェーンソーで木の枝を切断し、被災者は切断する枝を押さえていた。被災者は、外部足場から倉庫屋根上に移動中、屋根の明り取り用波板を踏み抜き、5.89m下のコンクリート床に墜落した。

ヒューマンエラー対策のとらえ方

・この事例では、明り取り用波板は強度が弱く、その上を歩いてはいけないことを知っていたのでしょうか。あるいは、資材などを抱えてその近くを歩いていたら、資材の重さや揺れで身体のバランスが崩れ、そこに足を踏み入れてしまったのでしょうか。

・いずれにしても、対策は、作業前に踏み抜き防止のため明り取り用波板部周りに手すりの設置などが必要です。

（屋根の端から墜落）

・被災者は、鉄骨造倉庫の新築工事において、倉庫屋根の端から高さ約５ｍの地上に墜落し死亡した。

ヒューマンエラー対策のとらえ方

・屋根の上で、集中して作業を続けるうち、そこが屋根の上であること、そこが屋根の端であることを忘れてしまうことがあります。それが人間です。また、資材を持った身体の重心は、その資材の重みなどにより外側に移動し、バランスを崩しやすくなります。
・対策は、屋根の上に、支柱を立て、そこに親綱を張り、そこに墜落制止用器具を掛けて作業をすることです。

c．脚立

事例35

（脚立の転倒とともに転落）

・被災者が単独で脚立を使用し、天井と壁の継目部分の隙間の接着作業中、何らかの原因により脚立の転倒とともに転落し、頭部を床に打ち、硬膜下血腫により死亡した。ヘルメットを着用していなかった。

ヒューマンエラー対策のとらえ方

・脚立が転倒したのは、①不安定な場所に脚立を立てた、②脚立から身を乗り出し過ぎて、脚立を転倒させてしまったなどが考えられます。ヘルメットを着用していなかったことが頭部への衝撃を高めた可能性があります。天井と壁の継目部分の隙間の接着作業なので、脚立を跨いで作業していたのではないかと思われますが、跨ぎの作業は、バランスを崩し後方に仰向けで墜落しやすくなります。

・脚立は、踏みさん幅が足の幅よりも細いため、その上に足を乗せると、足から踏みさんにかかる重力の方向と、踏みさんからの反力の方向がずれ、それにより身体が揺れます。身体を揺らしながら作業をするため、とても不安定なのです。このため、跨がずに脚立の向きを90度変え、片側に乗り身体を脚立枠にあずけ安定を図ります。ただ、脚立は使わないことが望まれます。脚立に替わり、踏みさん幅が広い上枠付き踏み台（上枠に身体をあずけられるため天板に乗ることも可能）などがお勧めです。

d．鉄骨梁

事例36

（梁上移動中、バランスを崩し）

・病院増築工事（S造2階建）において、鉄骨組立て作業を行っていた被災者が、梁材の上面（高さ約6.5m）から墜落し、脳挫傷により死亡した。移動式クレーンでつられた梁材（1点つり）を支柱の取付プレート上に仮置きし、その梁の上を移動していたところ、梁材がプレートから外れ、バランスを崩して墜落した。墜落制止用器具は着用していたが使用していなかった。ヘルメットは飛来・落下物用を着用していた。

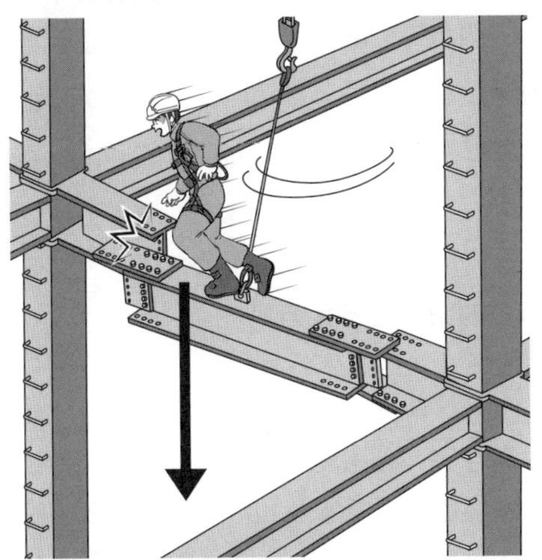

ヒューマンエラー対策のとらえ方

・取付プレート上に仮置きされた鉄骨梁が、その上に乗ったことによりプレートから外れ、そのためバランスを崩し墜落したものです。墜落制止用器具は使用せず、ヘルメットは墜落時保護用のものではありませんでした。

・対策は、鉄骨組立て作業では、高所になれば墜落制止用器具を使い、ヘルメットは墜落時保護用のものをかぶります。

e．屋上

事例37

（防水工の墜落）

・４階建マンションの屋上防水工事において、職長と被災者が屋上（地上から高さ13.43ｍ）に上がり、当日の作業内容の説明後、職長は被災者を残し、１人で１階に降り、高圧洗浄機と電源コードを持って再度屋上へ上がったところ、マンション敷地内で仰向けに倒れている被災者を発見した。屋上から墜落したと思われる。

ヒューマンエラー対策のとらえ方

・屋上から防水屋さんが墜落する死亡災害が後を絶ちません。屋上に上がった時、四方を見渡し、墜落防護措置がなければ、墜落の危険を感じます。高さが13ｍもあれば、「墜落するかも。気をつけなければ」と強く感じるはずです。しかし、作業を開始し作業に集中してくると、さっきまで感じていた墜落の危険を忘れてしまうことがあるのです。

・対策は、墜落防護措置を講じることです。外周足場を撤去してはいけません。それを使って、墜落防護措置を講じます。また、屋上では、親綱を張り、そこに墜落制止用器具を掛けます。さらに、屋上作業では、全員が作業するのではなく、作業指揮者は、作業の進捗を確認するとともに作業員が安全に作業を進めているか確認し続けなければなりません。

f．トラック荷台

事例38

（ユニック車荷台上、リモコン操作中に墜落）

・民間住宅新築工事において、車両積載形トラッククレーン（ユニック車）を用いて型枠材撤去作業中に、トラッククレーンの荷台でリモコン操作をしていた被災者が荷台から墜落した。

ヒューマンエラー対策のとらえ方

・トラック荷台からの墜落災害も後を絶ちません。死亡災害も毎年発生しています。荷台の高さは２ｔトラックでは90cm程と高くありませんが、それでも死亡災害が多発するのはなぜでしょうか。それは、荷台上で両手に物を持った状態で仰向けに墜落すると、両手に持った物を投げ捨て受け身の体勢をとるのではなく、両手に物を持ったまま、後頭部から墜落してしまうことがあるからです。

・対策は、トラック荷台上でリモコンを操作しながら型枠材の積み込み作業をするのではなく、リモコン操作者は、地上でリモコン操作をし、ユニック車の安定、つり荷の安定を確認する役に徹することが求められます。

g．開口部

（床開口部に渡した足場板から墜落）

・太陽光発電設備設置工事において、既設の立体駐車場２階床部分に太陽光発電設備を取り付ける作業中、開口面の向かい側へ渡るために使用していた足場板（長さ４ｍ、幅0.2ｍ、厚さ3.5cm、重さ13.2kg）を付け替えのため外す際、４枚のうち１枚目を持ち上げたところバランスを崩し、高さ約３ｍ下のアスファルト面に墜落した。

ヒューマンエラー対策のとらえ方

・開口部の上に渡していた足場板を外したところ、そこから墜落したものです。重さが13.2kgもある足場板を外せば、バランスを崩す可能性が高まります。実際の状況はよくわかりませんが、疲れていればバランスを崩しやすく、作業に追われていれば無理な姿勢になったり、作業に集中すれば足元にまで注意が払えなくなったりすることも考えられます。

・対策は、開口部から足場板を外す前に、親綱を張り、墜落制止用器具を使うことです。

h．階段

事例40

（階段で可搬式作業台から墜落）

・共同住宅新築工事にて、被災者は可搬式作業台を使って階段の壁補修仕上げ作業をしていたところ、階段の踊り場で倒れているのを発見された。そこから墜落したと思われる。

ヒューマンエラー対策のとらえ方

・可搬式作業台を使って階段の壁の補修を行ったわけですが、どこに可搬式作業台を置いたのでしょうか。実態はよくわかりませんが、不安定な置き方をしたのかもしれません。
・不安定な可搬式作業台が原因で墜落したのであれば、対策は、安定した足場を作ることです。階段のような場所で安定を保つことが難しければ、下で支える作業員を配置します。

② 重機等にひかれる・はさまれる

（バックホウ誤作動）

・バックホウの旋回範囲内にて、2次下請の被災者に杭打機ドリルの洗浄作業をさせていた際、1次下請の作業員がバックホウ作業を行うべくエンジンをかけたところ、誤作動によりバックホウが急に旋回し始め、バケットと杭打機との間に頭部をはさまれ死亡した。

ヒューマンエラー対策のとらえ方

・エンジン始動時、バックホウの操作レバーが旋回モードになっていたため、急に旋回し始め、洗浄作業中の作業員がはさまれ死亡した事例です。バックホウのエンジン始動時にはこのような誤作動によるリスクが小さくありません。

・対策は、まず、バックホウにエンジン始動時の誤作動があること、その誤作動により死亡災害が発生していることを作業員に教育し、そのリスクを十分に認識させなければなりません。その上で、エンジン始動時は、作業半径内の人払いを行う必要があります。

事例42

（高所作業車の逸走）

・住宅の修繕作業終了後、傾斜地に設置した高所作業車のアウトリガーの格納作業中、車両後部の操作装置を操作しアウトリガーの格納を終えたところ、車両が後方に逸走し、被災者を押したまま約15ｍ自走し停車した際、被災者が車両の下敷きとなった。

ヒューマンエラー対策のとらえ方

・傾斜地に高所作業車を停車しアウトリガーを張り出して作業を行い、作業終了後、アウトリガーを格納しようとしタイヤが地面に着いた途端、逸走してしまった事例です。

・傾斜地での逸走を避けるためには、アウトリガーの格納作業中、タイヤが地面に着いた時にすかさず車止めを設置することです。

③ 交通事故

（トラックの運転操作ミス）

・被災者は、同僚が運転するトラックに乗車し、事業場へ向けて走行中、運転者が操作を誤り道路脇の支柱に激突し、助手席にいた被災者が死亡した。

ヒューマンエラー対策のとらえ方

・事業場に向けトラック走行中に起きた自動車事故です。実態は不明ですが、このような交通事故（自損）があまりに多いです。

・対策は、交通事故（自損）があまりに多いことを作業員に教育すべきです。それを継続的に繰り返し教育することが必要です。そして、交通事故の原因には、スピードの出し過ぎ、わき見運転、漫然運転（ボーッとした状態）、だろう運転（「○○してくれるだろう」と、対向車が自分の思うとおり運転すると思ってしまう）などがあることを十分に理解させます。

④ 重機等の転倒・転落

事例44

（クローラクレーンが構台から転落）

・被災者が搭乗する移動式クレーンが、作業構台から７ｍ下に墜落したもの。被災者は70tのクローラクレーンを使って、作業構台から７ｍ下の地下に、鉄筋等を下ろしていた。作業の合間、クレーンはゆっくりと構台端部に動き出し、手すりをなぎ倒した後、そのまま被災者ごと転落した。その後、搬送先の病院にて３日後に死亡した。

ヒューマンエラー対策のとらえ方

・どうしてクローラクレーンは動き出したのでしょうか。実態はよくわかりませんが、突風により逸走した事例は、過去に見受けられます。また、本事例は逸走防止装置が作動しなかったことが原因ですが、その原因追究も必要です。

・クレーンは、特に大型のクレーンは、強風により逸走することがあり、逸走すればとても危険です。対策は逸走防止装置が作動するようにしておくこと、強風時はクレーン作業を中止し、クレーンの転倒を防止することなどが必要です。

（斜面でフォークリフト横転）

・被災者は、フォークリフトを運転しソーラーパネルを設置する架台の運搬作業をしていた。降雨のため運搬作業を中断し、空荷状態のフォークリフトを駐車場所へ戻すため、傾斜のある作業道（アスファルト上を泥が覆う状態）を下っていたところ、斜面でフォークリフトが滑り、バランスを崩して横転し、フォークリフトにはさまれ死亡した。

ヒューマンエラー対策のとらえ方

・フォークリフト災害は、①積み荷が死角となり前進時にひく、②バックでひく、③フォークに乗り、そこから墜落する、④フォークリフトが転倒するなど、大きく4つのタイプがあります。その一つがフォークリフトの転倒災害です。アスファルト上を泥が覆うなど滑りやすい状態の斜路で下り走行時のものですが、かなりのスピードが出ていた可能性があります。

・対策は、フォークリフトの機体の安定を図るため、スピードを抑える（目安10km/h以下）、急ハンドルをしないなどを実施します。

⑤ 土砂崩壊

（横矢板下部から土砂流出）

・地上43階・地下2階建て複合ビル新築工事において、掘削深さ10ｍ（縦穴状で土止め支保工済）から、さらに1.75ｍをバックホウ（0.1㎥）で掘削していた。予想外の湧水があり排水ポンプを設置する段取り中、横矢板下部より土砂が流出し、被災者がその土砂に埋まり死亡した。

ヒューマンエラー対策のとらえ方

・予想外の湧水が発生し、その対応に追われている中、横矢板下部から土砂が流出し、作業員が巻き込まれた災害ではないかと思われます。

・土砂崩壊防止対策の基本は、矢板から土砂を流出させないことです。そのために、土質や地下水位に応じた土止め支保工の工法選定、適切な湧水対策などが必要になります。

⑥ クレーン作業災害

（ユニック車の横転）

・つり上げ荷重2.33ｔの積載形トラッククレーン（ユニック車）を操作し、荷台に積んだヒューム管（約600kg、外径60cm、長さ2.5m）の積み下ろしをしていたところ、クレーンが倒れ、運転席ドア部と地面にはさまれた。

ヒューマンエラー対策のとらえ方

・ユニック車による約600kgのヒューム管の積み下ろし作業で、ユニック車の転倒を招いたものです。積み下ろし作業で、定格荷重以上の積み荷を積み下ろそうとしたおそれがあります。

・対策は、つり下ろす作業半径とつり上げ荷重を把握し、そのユニック車で積み下ろすことができるのか事前に確認することです。また、作業時は、アウトリガーを完全張り出しするなど、100％能力を発揮できる状態にしなければなりません。

⑦ 物の倒壊

（地組中の鉄骨梁倒壊）

・鉄骨平屋建ての農作物貯蔵施設の新築工事において、梁の地組を行っていた被災者が、梁中央部を油圧ジャッキで持ち上げていたところ、梁が被災者の方に倒れて下敷きになったもの。梁は２本のＨ鋼を仮組しつなげた状態で、Ｈ鋼は高さ800mm、幅300mm、長さ8.7ｍ、つなげたときの全長は18.3ｍ、重さは約5.2tであった。

ヒューマンエラー対策のとらえ方

・地組中の鉄骨梁が倒壊し、被災者はその下敷きになった災害です。梁が被災者の方に倒れて下敷きになったものですが、倒壊の方向は予期できなかったのでしょうか。

・油圧ジャッキ持ち上げ時の地組みされた梁の挙動を想定するとともに、最悪の結果である倒壊も想定しなければなりません。

⑧ 物の落下

（溶接中の鉄骨材が落下）

・鉄骨材（重量約160kg）の溶接作業中、鉄骨材が倒れ、その下敷きとなった。

ヒューマンエラー対策のとらえ方

・溶接作業中の鉄骨材は、転倒防止措置がなければとても不安定です。
・対策は、鉄骨材を転倒させないよう転倒防止措置を講じることが求められます。

⑨ 熱中症

事例50

（休憩中に容態悪化）

・農業用ビニールハウスの補強工事にて、屋外で金物加工、コーキング及び補強材取付の作業を行っていた作業員１人が熱中症になり同日に死亡した。被災者は、当日朝から作業を始め昼頃に重症化した状態で発見されたが、その間、１時間15分の休憩を取っていた。

ヒューマンエラー対策のとらえ方

・現場で熱中症の疑いがある作業員は、取り急ぎ現場で休憩させ様子を見ることがよく行われることですが、体温調節力が弱っている作業員は、休憩が容態の悪化につながることがあり、休憩はとても危険な場合があります。休憩しても一人にせずに見守り、体調の回復が見込めなければ、すぐに救急搬送し、医者に診てもらう必要があります。

⑩ 解体工事災害

事例51

（解体用機械に激突され）

・木造建築物解体工事現場において、金属ごみ分別作業中の被災者が、解体用機械（鉄骨切断機）の旋回部分に激突され、旋回部分とキャタピラ左後方に胴体をはさまれ死亡した。

ヒューマンエラー対策のとらえ方

・建築工事では、解体工事の死亡災害も多発しています。解体場所は解体用機械の近くで作業員が作業をするなど、危険な状態が少なくありません。

・対策は、重機近くで作業を行わない、重機にはバックモニターを取り付け、死角をなくす、誘導員を配置するなどがあげられます。

⑪ 感電

（電気配線にペンチが触れ感電）

・営業所の空き部屋天井裏において、電気配線の改修作業中、被災者が右手に持っていたペンチが電気配線に触れ感電した。

ヒューマンエラー対策のとらえ方

・実態はよくわかりませんが、天井裏は、総じて狭くて暗いところです。このため、動きが制限され、周りの状況がよく見えず、それが原因で感電した可能性があります。停電することは難しかったのでしょうか。

・対策は、電気作業は停電して作業を行うことが求められます。狭くて暗い場所で作業をするときはなおさらです。

⑫ 切創災害

（エンジンカッターのキックバック）

・建設物から浄化槽への排水管敷設工事において、奥行き2.59m、幅1.22ｍ、深さ0.78ｍの掘削溝内で、エンジンカッターで既設ヒューム管（直径18cm、厚さ2.5cm）を切断中、キックバックを起こしてエンジンカッターの刃が跳ね上がり、被災者の頸部に刃が接触し、その切創による出血のため死亡した。

ヒューマンエラー対策のとらえ方

・キックバックしたカッターの刃が大きく跳ね上がり、被災者の頸部に当たった災害です。保護メガネ、保護手袋、ヘルメットなどの通常の保護具をしていたとしても、防げなかったのではないでしょうか。キックバックを起こさない、あるいはキックバックを起こしても大きなキックバックとしないようにすることが求められます。

・キックバック対策として、以下の基本ルールを守る必要があります。
①作業中は、カッターのハンドルを両手でしっかり持つ。
②足場が不安定な場所、無理な体勢で作業しない。
③切れにくくなった刃は、切断物に引っ掛かりキックバックを起こしやすいので、目立てを行う。
④キックバックは、後ろに跳ね上がるので、刃の真後ろに立たない。

（カッターナイフでふくらはぎ切創）

・改修工事現場の機械室の屋上において、貼り付けた防水クロスの余分な箇所をカッターナイフで切り取る作業を行っていた際、誤って自身の左足ふくらはぎ部分をカッターナイフで切創し負傷。止血が困難な状態となり、自らの携帯電話で現場監督へ状況を伝え、救急搬送されたが、その途中、出血性ショックにより心肺停止した。

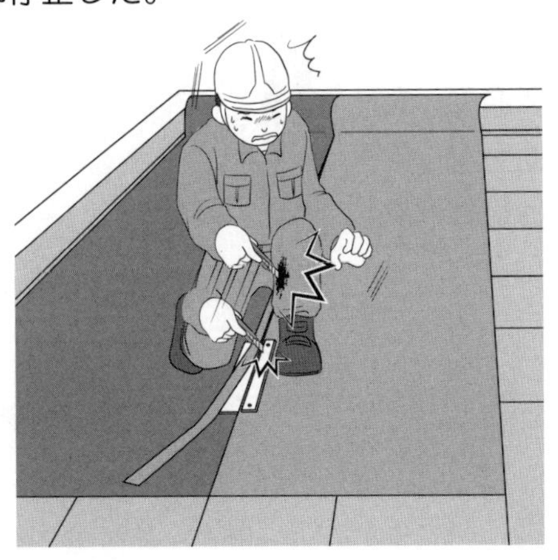

ヒューマンエラー対策のとらえ方

・カッターナイフは、よく使われますが、切創による被災も多く、正しく使わないといけない手工具です。本事例のように、時に死亡災害につながることも忘れてはいけません。

・対策は、以下のとおりです。正しい使い方を覚え、実践することです。

①鋭い刃先を保つ（力の入れ過ぎを防止。刃先が丸くなれば、すぐに新しい刃と交換）。

②厚みのある専用のカッター定規を使用する。

③正しい姿勢で切断（姿勢が悪いと刃に余計な力がかかる。カッター真正面から背筋を伸ばして切断する）。

④刃の進行方向に手を置いてはいけない（特に親指）。

3 電気通信工事

① 墜落

事例55

（壁に立てかけたはしごから墜落）

・新築建屋外部階段の踊り場において、被災者は一人で、壁に立てかけたはしごに昇り、発電機用の配線のよじれ解消作業を行っていた。近くで作業していた作業員が「ドン」と大きな音がしたためそこへ行くと、踊り場床面で、左側頭部から血を流して倒れている被災者が発見された。

ヒューマンエラー対策のとらえ方

・一人で壁に立てかけたはしごに昇り作業をしていて墜落しました。おそらくはしごは固定されておらず、下で支える者もいなかったと思われます。はしご上は不安定で、バランスを取りながら作業をするのは大変です。ましてや、よじれ解消作業は、かなりの力が必要で、その反動はかなりの力だと思われます。

・対策は、作業にはしごを使用しないことです。はしごは昇降のための用具で、その上で作業するものではありません。よじれ解消作業はかなりの力が必要で、しっかりとした足場を組み立てる必要があります。

② クレーン作業災害

事例56

（つっていた電柱に激突され）

・高さ10ｍの電柱の抜柱作業において、台棒を使用して人力で上部から電柱を解体することになっていたにもかかわらず、電柱をバックホウでつり上げて引き抜き、誘導員の導く方向に倒したところ、電柱が誘導員を直撃した。

ヒューマンエラー対策のとらえ方

・台棒を使用せず予定外のバックホウを使い、それがうまくいかず、引き抜いた電柱が倒れ、周辺にいた誘導員に直撃した災害です。電柱は高さ10m、根入れ長も加えるともっと長くなり、バックホウでそれを引き抜いたわけですが、バックホウの大きさは不明ながら、非常に不安定になりやすい作業状況といえるのではないでしょうか。

・対策は、台棒を使用するなど正しい作業方法で作業をすることに尽きます。

③ 感電

（高圧線の放電エリアに立ち入り感電）

・鉄塔上でボルト締作業に従事していた被災者が、特別高圧架空電線の放電エリアに入ってしまい感電した。

ヒューマンエラー対策のとらえ方

・電気作業のプロが鉄塔上で作業を行い、なぜ放電エリアに入ってしまったのでしょうか。原因として、①そこが放電エリアと知らなかった、②放電エリアと知っていたが、作業に没頭するあまりそのことがわからなくなったなどが考えられます。ベテランであっても、作業に没頭すると、そのことがわからなくなる可能性があります。それが人間です。

・対策は、①そこが放電エリアと知らなかったのであれば、作業前に放電エリアを周知する、②放電エリアと知っていたが、作業に没頭するあまりそのことがわからなくなったのであれば、作業指揮者等が、作業の進捗確認とともに、安全作業を続けているかどうか常時監視することが必要です。

4 機械器具設置工事

① 墜落・転落

事例58

（屋上から墜落）

・5階建てアパートの屋上（広さ約９ｍ×約70ｍ）で、設置済みの架台に太陽光パネルの設置に必要な金具を取付ける作業を行っていた。屋上では代表者を含む４人が作業をしており、それぞれが取付け作業中、被災者がいないことに気が付いた同僚が探したところ、約15ｍ下の地上に墜落している被災者を発見した。墜落制止用器具の取付設備はなかった。

ヒューマンエラー対策のとらえ方

・墜落防護措置がない屋上での作業は常に墜落の危険が伴います。作業員一人ひとりに墜落しないように注意を払わせることは、そこで作業をする限り無理であることに、気づかなければなりません。
・対策は、屋上での作業には墜落防護措置を講じることです。設備的な対策が難しければ、親綱を張り、そこに墜落制止用器具を掛けるようにします。

② 物の倒壊

（チェーンブロックでの搬入時、製品の倒れ）

・ごみ焼却場内で、設備に付帯する装置更新のため、作業員４人が搬入した製品（高さ1.31m、長さ1.8m、幅0.95m、重量約1.6t）の四隅に分かれ、複数のチェーンブロックを用いて人力で製品をつり上げながら水平に運搬した後、前後２台の台車（長さ0.75m、幅0.5m）に敷いた角材の上に降ろし、製品に掛けていた２本のチェーンブロックのフックを全て外し終えた際、突然横向きに倒れた製品の下敷きとなった。

ヒューマンエラー対策のとらえ方

・本事例を要約すると、チェーンブロックでつった重量約1.6tの装置を、２台の台車（枕あり）の上に下ろし、チェーンブロックのフックを外した際、装置が倒れた事例ですが、倒壊の原因には、①チェーンブロックに力がかかっているにも関わらずそれを外した、②２台の台車（枕あり）が不安定であったなどが考えられます。

・対策は、チェーンブロックをリリースする時に、つり下ろした荷の安定を確認すること、台車のような動き出すおそれがある物の上に置く場合は、より慎重に荷の安定を確認しなければなりません。

事例60

（ハンドリフトによる搬入時、小型ボイラーの倒れ）

・工場建設現場において、小型ボイラーをハンドリフトに乗せて搬入作業中、搬入路上の段差を乗り越えるため、スピードローラー（ころ）に乗せ換えていたところ、小型ボイラーが転倒し、被災者に激突した。

ヒューマンエラー対策のとらえ方

・ハンドリフトからスピードローラーへの乗せ換え作業では、積み荷である小型ボイラーの安定をうまく図ることができず転倒を招いたと考えられます。
・実態はよくわからないものの、ハンドリフトからスピードローラーへの乗せ換え作業は、不安定な状況になることが十分に考えられます。対策は、その際、積み荷の倒壊防止措置を講じることです。

【著者プロフィール】

高木 元也（タカギ　モトヤ）

所　属　独立行政法人労働者健康安全機構
労働安全衛生総合研究所
安全研究領域特任研究員
博士（工学）

略歴

昭和58年、名古屋工業大学卒。総合建設会社にて、本四架橋、シンガポール地下鉄、浜岡原子力発電所等の建設工事の施工管理、設計業務、総合研究所研究業務、早稲田大学システム科学研究所（企業内留学）、建設経済研究所（社外出向）等を経て、平成16年、独立行政法人産業安全研究所（現独立行政法人労働者健康安全機構 労働安全衛生総合研究所）入所。リスク管理研究センター長、建設安全研究グループ部長、安全研究領域長等を歴任。

著書・映像教材（平成30年～）

1．DVD危険軽視によるヒューマンエラー（労働調査会、平成30年）
2．みんなで守って繰り返し災害ゼロ！　現場の基本ルール（清文社、平成30年）
3．DVDみんなで守って繰り返し災害ゼロ！　現場の基本ルール（プラネックス、令和元年）
4．危険感受性を向上させる安全教育・安全対策（清文社、令和元年）
5．DVD送検事例に学ぶ協力会社の事業者責任（労働調査会、令和元年）
6．墜落災害防止17の鉄則（労働調査会、令和元年）
7．DVD危険感受性を向上させる安全教育・安全対策（プラネックス、令和２年）
8．用具・工具別災害別作業員別でわかる！　安全作業・現場の基本（清文社、令和２年）
9．高年齢労働者が安全・健康に働ける職場づくり －エイジフレンドリーガイドライン活用の方法－（共著、中央労働災害防止協会、令和２年）
10. DVD用具・工具別災害別作業員別でわかる！　安全作業・現場の基本（プラネックス、令和３年）
11. “エイジフレンドリー”な職場を目指す！　働く高齢者のための安全確保と健康管理（清文社、令和３年）
12. DVD信じられないヒューマンエラー（労働調査会、令和３年）
13. 新訂　安全指示をうまく伝える方法（労働調査会、令和３年）
14. イラストで見る高年齢労働者の安全対策 －エイジフレンドリーな職場のために（労働調査会、令和３年）　等

建設業　死亡災害事例とヒューマンエラー対策

令和４年６月30日　初版発行

著　者　高木　元也
発行人　藤澤　直明
発行所　労働調査会
〒170-0004 東京都豊島区北大塚2-4-5
TEL　03-3915-6401
FAX　03-3918-8618
https://www.chosakai.co.jp/

ISBN978-4-86319-944-6 C2030